BEI GRIN MACHT SICH IHR WISSEN BEZAHLT

- Wir veröffentlichen Ihre Hausarbeit,
  Bachelor- und Masterarbeit

- Ihr eigenes eBook und Buch -
  weltweit in allen wichtigen Shops

- Verdienen Sie an jedem Verkauf

Jetzt bei www.GRIN.com hochladen
und kostenlos publizieren

Enikö Schröter

Die Stadtentwicklung in Budapest

zwischen sozialistischem Erbe und westlichem Vorbild

GRIN Verlag

Bibliografische Information der Deutschen Nationalbibliothek:

Die Deutsche Bibliothek verzeichnet diese Publikation in der Deutschen National-
bibliografie; detaillierte bibliografische Daten sind im Internet über http://dnb.d-
nb.de/ abrufbar.

Impressum:

Copyright © 2007 GRIN Verlag GmbH
Druck und Bindung: Books on Demand GmbH, Norderstedt Germany
ISBN: 978-3-640-22700-6

Dieses Buch bei GRIN:

http://www.grin.com/de/e-book/118750/die-stadtentwicklung-in-budapest

Der Wohnungsmarkt in Budapest

- Zwischen sozialistischem Erbe und westlichem Vorbild -

Inhalt:

I. Einführung

Budapest ist eine der bevölkerungsreichsten sowie wirtschaftlich und kulturell bedeutendsten Metropolen Mitteleuropas. Hervorgegangen aus der bis dahin selbständigen Städte Buda, Pest und Óbuda (Altbuda) hat sich die Hauptstadt wegen ihrer günstigen geographischen Lage zum überragenden politischen, administrativen und kulturellem Schwerpunkt Ungarns entwickelt und unterhält aufgrund ihrer Brückenfunktion zwischen Ost und West vielfältige Beziehungen zu den wichtigsten europäischen und außereuropäischen Zentren.

Wie keine andere Stadt Ungarns ist Budapest eine Metropole der Gegensätze. Einerseits prägen topographische Kontraste das Stadtbild: Die Flussterrassen des Budaer Berglandes stehen der flachgewellten Pester Ebene gegenüber. Andererseits zeichnen sich hier große sozialräumliche Disparitäten und eine zunehmende Differenzierung der Lebensverhältnisse breiter Bevölkerungsschichten ab.

Der Zeitpunkt der Wende 1989 verschärfte diese Situation zusätzlich und änderte die Rahmenbedingungen sowohl politisch, gesellschaftlich als auch ökonomisch. Auch das Stadtbild hat sich seit der Transformation gewandelt: Budapest ist ein Beispiel des Übergangs von einem staatlich dominierten Wohnungswesen zu einem von Privateigentum geprägten Wohnungsmarkt (KOVÁCS UND WIEßNER, 1999). In diesem Zusammenhang stellt sich die Frage, ob mit dem Eintritt in die EU und der Übernahme westlicher Wirtschafts- und Wertesysteme jetzt auch Prozesse der westlichen (hauptsächlich europäischen) Stadtentwicklung in Budapest stattfinden, oder ob die Stadt einen eigenständigen Entwicklungspfad beschreitet.

Die vorliegende Ausarbeitung soll anhand eines Überblickes über die historische Stadtentwicklung, die neuen Handlungsansätze nach der Wende und die Auswirkungen der Privatisierung staatlicher Wohnungen versuchen, diese Fragestellung näher zu beantworten.

Abb.1; Quelle: www.budapestinfo.hu, Stand: Mai 2007

II. Historische Stadtentwicklung

Budapests Aufstieg zur Metropole wurde erst mit der Stadtgründung 1873 eingeleitet. Bereits zu dieser Zeit entstanden erste Stadtentwicklungspläne als Grundlage für den zukünftigen Ausbau. Diese teilen die Stadt in die z. T. heute noch bestehende Stadtstruktur der inneren und äußeren Zone geschlossener Bebauung, Erholungs- und Mischgebiete. Weiterhin sind hier Festlegungen, wie beispielsweise die minimale Größe der Grundstücke, die maximale Gebäudehöhe sowie Baumaterialien getroffen, die eine geordnete bauliche Entwicklung garantieren sollen (WIEßNER, 2004).

Bis zum Ersten Weltkrieg nimmt die Einwohnerzahl rapide zu. Budapest zählt am ende des 19. Jahrhunderts zusammen mit Berlin zu den am schnellsten wachsenden Städten Europas. Der ländliche Charakter der Stadt schwindet und wandelt sich zu dem einer modernen Metropole. Die Hauptphase des Wohnungsbaus ist in der Zeit zwischen 1890 und 1900 einzuordnen (siehe Abb.2).

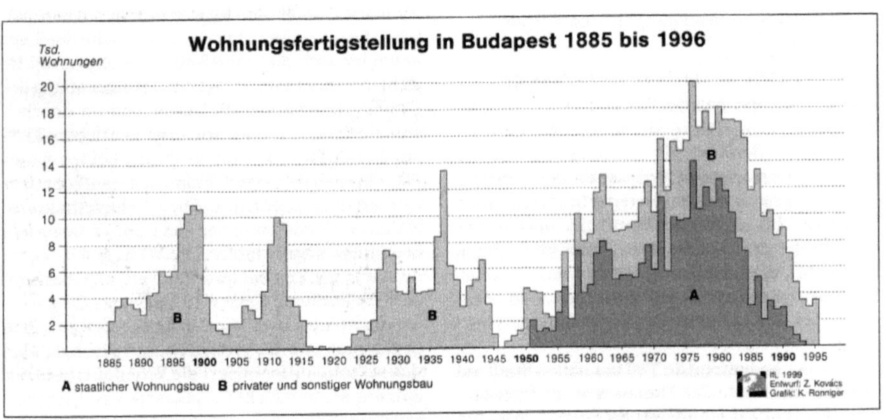

Abb.2; Quelle: Kovács und Wießner, 19999

Im Zuge der Neubebauung verbessern sich die Wohnungsausstattungen, so verfügen 1901 81% der Wohnungen über einen Wasseranschluss (zum Vergleich: 1881 waren es lediglich 25%). Doch von der Verbesserung der Wohnbedingungen profitieren nicht alle Bevölkerungsgruppen. In Mietshäusern führen beengte

Wohnverhältnisse zu beachtliche sozialen Spannungen, weshalb der Stadtrat zu Beginn des 20. Jahrhunderts ein Programm zum sozialen Wohnungsbau beschließt.

Abb.3 , Quelle: eigenes Foto

Die 1908 errichteten kommunalen Arbeitersiedlungen können das Wohnungsproblem jedoch nicht lösen. Aus diesem Grund erfolgt parallel mit dem Bau der Fischerbastei und des Parlamentsgebäudes (Abb.3) (KLUCZKA UND ELLGER, 1999) sowie dem Ausbau der Vorortbahnen die erste Welle der Suburbanisierung in die ländlichen Vorte Budapests (Kovács und Wießner, 1999).

In der Zwischenkriegszeit sind im inneren Stadtbereich eingeschossige Gebäude weitgehend verschwunden und einer geschlossenen Bebauung mit vier- bis fünfgeschossigen Gebäuden gewichen (KOVÁCS UND WIEßER, 1999).

Mit dem Friedensvertrag von Trianon (1920) werden 70% des ungarischen Territoriums und 2/3 der Bevölkerung in die Nachbarstaaten (u.A. Rumänien, Jugoslawien) eingegliedert. Für Budapest bedeutet das zwar einen enormen Bedeutungsverlust, gleichzeitig lassen sich viele Flüchtlinge in der Hauptstadt nieder und „die Bevölkerung explodiert in nie gekannten Ausmaßen" (vgl. KLUCZKA UND ELLGER, S. 12). Budapest wird zum bestimmenden Element der Siedlungsstruktur Ungarns (BURDACK ET AL., 2004) und die Lage auf dem Wohnungsmarkt verschärft sich erneut. Viele Menschen leben in Notquartieren, Kellern oder Eisenbahnwaggons. Der Wohnungsbau konzentriert sich damals auf den Bau kleiner Notwohnungen (Einzimmer-Wohnungen ohne jeglichen Komfort), wohingegen der Bau größerer Mietshäuser zurückgeht. Teilweise erfolgt sogar eine soziale Abwertung gründerzeitlicher Wohnquartiere, weshalb besser gestellte Gruppen in stadtnahe Erholungsräume ausweichen und sich die Wohnbebauung in bevorzugte Gebiete verlagert.

Bis zum Zweiten Weltkrieg weisen die städtebaulichen und sozialräumlichen Entwicklungen vielfältige Gemeinsamkeiten mit anderen Großstädten Europas auf und folgen somit der Tradition der „europäischen Stadt" (gründerzeitlicher Bevölkerungsanstieg, Städtewachstum, Kriegszerstörungen) (KOVÁCS UND WIEßNER, 1999).

Während des Zweiten Weltkrieges musste Budapest starke Zerstörungen hinnehmen: 86% des Gebäudebestands sind beschädigt. Aus diesem Grund konzentrieren sich städtebauliche Maßnahmen zunächst auf die Räumung der Ruinengrundstücke und aber auch auf einen Wiederaufbau (KOVÁCS UND WIEßNER, 1999).

Nach dem Zweiten Weltkrieg trennen sich die Strukturen der europäischen Städte als Folge der Teilung Europas in unterschiedliche politische und wirtschaftliche Systeme (KOVÁCS UND WIEßNER, 1999). Die kommunistische Regierung versucht ab 1947 eine sozialistische Gesellschaft nach sowjetischem Vorbild zu organisieren, die Hauptstadt liegt dabei im Zentrum des Interesses (KLUCZKA UND ELLGER, 1999). Marktwirtschaftliche Ordnungsprinzipien im Wohnungsbau treten zurück und der Staat wird bestimmender Akteur in der Stadtentwicklung. Das Wohnungswesen erfährt zur Zeit des Sozialismus eine neue Bedeutung und dient der Schaffung gleichwertiger Lebensbedingungen und der Beseitigung der Unterschiede im städtischen Lebensniveau (BURDACK ET AL., 2004). Allerdings werden Investitionen in Wohnungsbau und Infrastruktur reduziert, um den Ausbau der Schwerindustrie voranzutreiben (KOVÁCS UND WIEßNER, 1999).
Die 50er Jahre beginnen mit einer territorialen Vergrößerung des Stadtgebietes: 7 umliegende Städte und 16 Dörfer werden eingemeindet (DÖVÉNYI UND KOVÁCS, 2005), Bevölkerungszahl und Flächenreserven steigen demzufolge erneut.
Nach der Kollektivierung der Landwirtschaft kommen beschäftigungslose Landarbeiter nach Budapest. Die Wohnungssituation ist zu diesem Zeitpunkt derart angespannt, dass der Staat höhere Investitionen für den Wohnungsbau bereitstellt und sich der Schwerpunkt des Wohnungsbaus zu größeren Wohnanlagen, meist an der Peripherie der inneren Stadt (siehe Abb.4 und 5), verlagert (KOVÁCS UND WIEßNER, 1999).

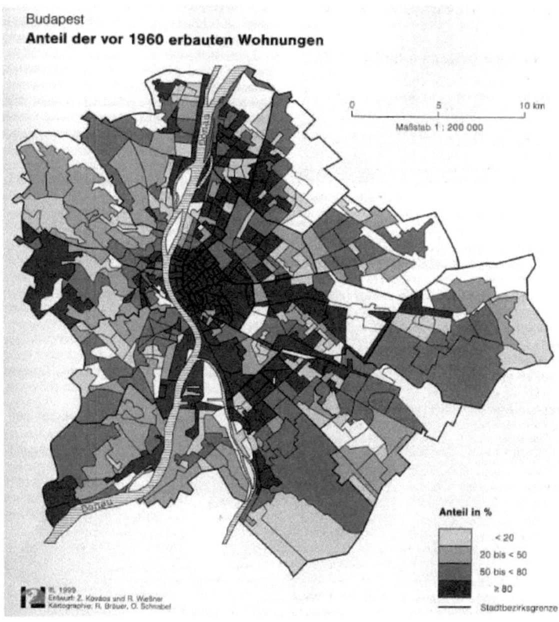

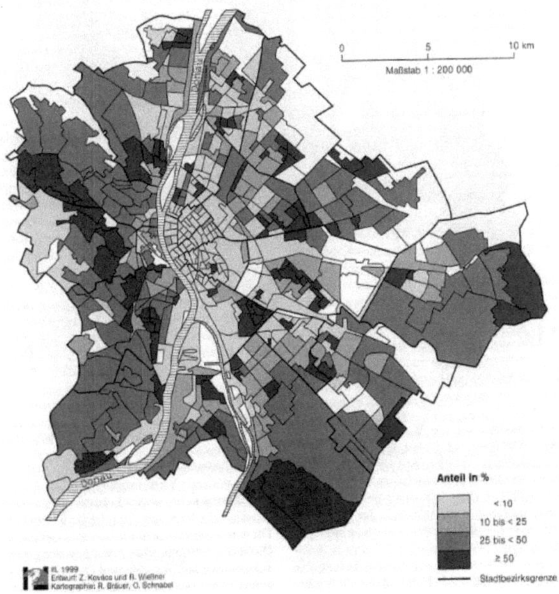

Abb. 4 und 5; Quelle: Kovács und Wießner, 1999

In den 70er Jahren setzt sich die Großplattentechnologie durch und wird zum stadtbildgestaltenden Element (LIEBMANN, 2001).   Wie in Abb. 2 verdeutlicht, entstehen bis zum Anfang der 80er Jahre die umfangreichsten Neubauleistungen in der Geschichte Budapests (zwischen 1960 und 1975 werden 180 000 neue Wohnungen gebaut, KLUCZKA UND ELLGER, 1999). Die einseitige Orientierung der staatlichen Wohnungsbauinvestitionen auf den Neubau am Stadtrand führt in der inneren Stadt zur Vernachlässigung der baulichen Erhaltung der Altbaubestände und damit zu einer grundlegenden Veränderung der Raumstruktur in der Stadt: 200 000 Menschen verlassen die Innenstadt, um sich in den Neubaugebieten anzusiedeln (KLUCZKA UND ELLGER, 1999). In den z.T. verfallenen Altbaugebieten bleiben meist die ärmeren und älteren Bevölkerungsgruppen zurück, was, wie in Abb. verdeutlicht, zu einer soziale Segregation und Überalterung der Innenstadt führt (KOVÁCS UND WIEßNER, 1999).

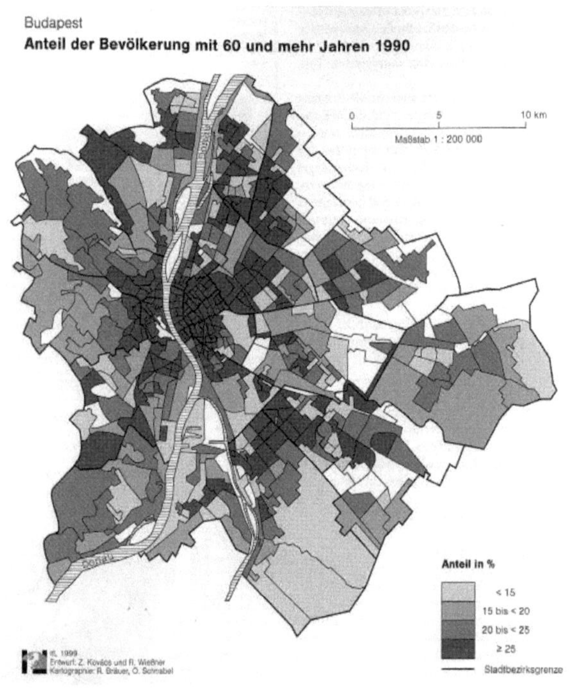

Abb.6 , Quelle: Kovács und Wießner, 1999

Im Verlauf der 80er Jahre hat die rezessive Entwicklung der sozialistischen Wirtschaft einen drastischen Rückgang des staatlichen Wohnungsbaus und eine daraus resultierende Verlagerung auf eine privatwirtschaftliche Wohnungsbauaktivität zur Folge. Durch private Unternehmertätigkeit entstehen im Zuge dieser Ausbildung luxuriöse

Abb.7, Quelle: eigenes Foto

Villen in den besten Lagen der Stadt, z.B. in den Budaer Bergen (vgl. Abb.7). Staatliche Investitionen reichen nicht mehr aus, um die Wohnungsbestände in Stand zu halten. Einzelne Vorzeigeprojekte, wie die Sanierung historischer Baudenkmäler und Fassaden können den baulichen Verfall der Innenstadt nicht mehr retten.

Mit der Wende 1989 geht die Verwaltung für den Staatswohnungsbestand auf einzelne Bezirke der Stadt über, welche die Wohnungsbestände daraufhin privatisieren (KOVÁCS UND WIEßNER, 1999).

III. Das sozialistische Erbe – Was nach der Wende übrig blieb

Nach der Wende wirkte die hohe Auslandsverschuldung aus sozialistischen Zeiten entwicklungshemmend auf die Stadtentwicklung. Die Einnahmen aus zu niedrig angesetzten Mieten, hervorgegangen aus dem sozialistischen Prinzip des „Rechtes auf billige Wohnungen durch den Staat", waren zu gering, um die anfallenden Kosten zu decken und belasteten das Staatsbudget enorm. Weiterhin führte die rasch einsetzende Deindustrialisierung als Begleiterscheinung des Systemwechsels zu einer hohen Arbeitslosigkeit und einer Verarmung breiter Bevölkerungsschichten im gesamten Stadtgebiet (KOVÁCS UND WIEßNER, 1999). Hinzu kommt, dass der Zusammenbruch der sozialistischen Industrie große brachliegende

Altindustriegebiete hinterlassen hat, die DÖVÉNYI UND KOVÁCS. als „Rostgürtel" (vgl. DÖVÉNYI UND KOVÁCS 2005, S.56) bezeichnen.

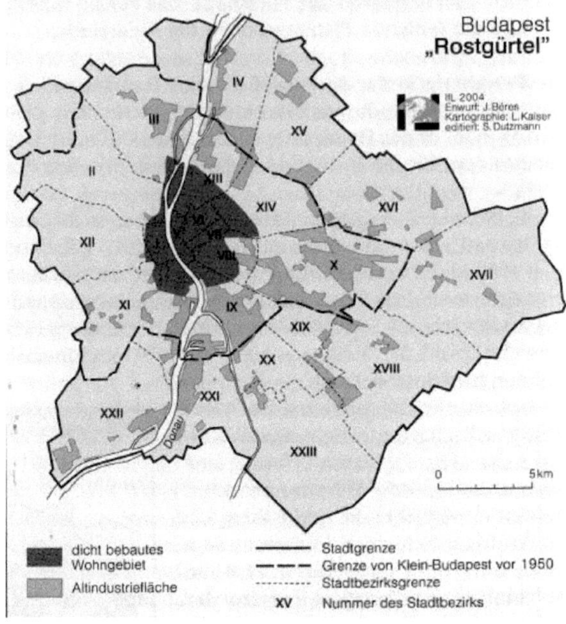

Abb.8; Quelle: Dövényi und Kovács, 2005

Wie in der Abb. 8 dargestellt, sind etwa 15% des Stadtgebietes von stillgelegten alten Industrie- und Verkehrsflächen eingenommen, deren Nachnutzung nur stellenweise erfolgt (BURDACH ET AL., 2004).

Seit mit dem Übergang von der Plan- zur Marktwirtschaft die Sicherheit auf dem Wohnungs- und Arbeitsmarkt nicht mehr vom Staat gewährleistet wird, sind im Stadtbild Polarisierungstendenzen zwischen den Wohnvierteln der Bessergestellten und denen der Klein- und Nichtverdiener zu erkennen (KLUCZKA UND ELLGER, 1999).

Zu den sozialräumlichen Disparitäten kommen die bereits angesprochene Verfall in den Altbaubeständen, hauptsächlich in der Innenstadt, verursacht durch die dauerhafte Vernachlässigung (BURDACH ET AL., 2004). LICHTENBERGER stellt 1995 für die betroffenen Gebäude aus der Gründerzeit eine „Hypothek des Todes" auf (vgl. LICHTENBERGER 1995, S. 140). Diese Begrifflichkeit stammt zwar aus der Bevölkerungswissenschaft, lässt sich jedoch auch auf den mangelhaften Baualtersbestand aufgrund fehlender Erneuerung der Bausubstanz übertragen. Die Hypothek des Todes bezieht sich auf Objekte mit derart gravierenden Schäden, dass sie im deutschsprachigen Raum längst geräumt wären. LICHTENBERGER entwickelt in diesem Zusammenhang die These, dass sich zur verbleibenden Restbevölkerung armer und alter Leute zunehmend Randgruppen einsickern, darunter Kriminelle und Drogensüchtige, sodass die betroffenen Bauten zum Milieu sozialer Konflikte werden und auf Dauer schwer zu regenerieren sind .

Doch auch das Image der Großwohnanlagen verschlechtert sich in den 90er Jahren wesentlich. Mit dem Prestigeverlust einer gehen selektive Abwanderungen aus den Neubaugebieten und der steigende Anteil sozial schwächerer Schichten (WIEßNER UND KOVÁCS, 2004).

Schließlich ist der mangelhaft entwickelte tertiäre Sektor als Kehrseite des massiven Ausbaus der Schwerindustrie die Grundlage für das Ausbleiben einer Cityverdichtung und den hohen Bestand an Wohnungen in der Innenstadt (DÖVÉNYI UND KOVÁCS, 2005).

IV. Neue Handlungsansätze

Seit Ende der 90er Jahre findet eine allmähliche *Revitalisierung* der altindustriellen Zone statt, die Dövényi und Kovács als „Wachstumsstandorte" bezeichnen (vgl. DÖVÉNYI UND KOVÁCS 2005, S. 60) und in Abb. 9 gezeigt ist. In den zentral gelegenen Arealen siedeln sich vielfach Dienstleistungsbetriebe an, z.B. Einkaufszentren, Büronutzungen. Wohnfunktionen sind in Form von Wohnanlagen und Luxuswohnungen ebenfalls zu finden (BURDACK ET AL, 2004).

Als Vorzeigeprojekt sind hierbei die Restrukturierungsmaßnahmen im nördlich der Innenstadt gelegenen Industriegebiet „Angyalföld" (Engelfeld) zu nennen. Im ehemals gewerblich genutzten Viertel befindet sich heute ein Mix aus Handels- und Dienstleistungen. Unter anderem steht das nach westlichem Vorbild errichtete Shoppingcenter „Duna-Plaza" sinnbildlich für ein verändertes Gebietsimage. 80% der Gebäude und Grundstücke erfuhren bis heute eine neue Nutzung. Ehemals industriell geprägt, bilden heute Bürog- und Wohnungsgebäude sowie Handelseinrichtungen den neuen Schwerpunkt in Angyalföld (FRITZSCHE, 2004).

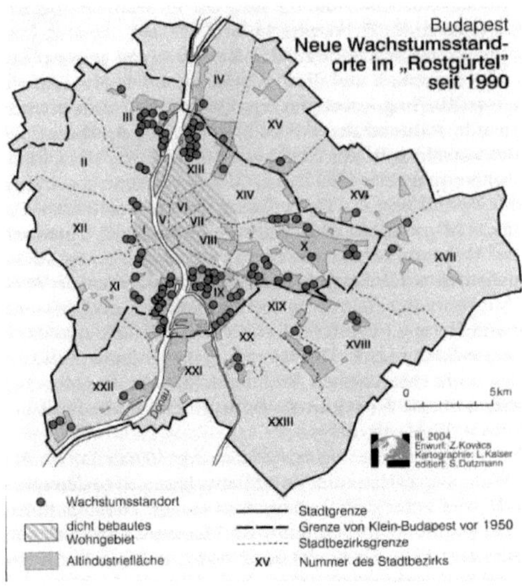

Abb.9; Quelle: Dövényi und Kovács, 2005

Ein neues Siedlungselement der Stadtplanung stellen die von privaten Entwicklungsgesellschaften erbauten *Wohnparks* dar, von denen bis 2002 in Budapest 51 errichtet wurden und weitere noch in der Bauphase sind (DÖVÉNYI UND KOVÁCS, 2005). Die Abb. 10 zeigt, dass sich die neuen Wohnanlagen überwiegend in den attraktiveren Lagen der Budaer Stadthälfte konzentrieren. Sie werden meist von jüngeren Haushalten mit höherem Einkommen bewohnt (BURDACK ET AL, 2004).

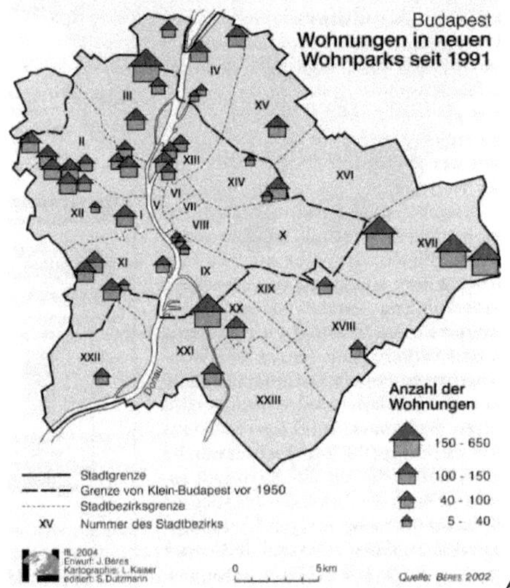

Abb. 10; Quelle: Dövényi und Kovács, 2005

Die Bezirksverwaltungen beginnen nach der Wende mit der *Privatisierung* der ehemals staatlichen Mietwohnungen, indem sie Wohnungen (mit Ausnahme denkmalgeschützter oder abrissreifer Gebäude) zu einem Bruchteil des eigentlichen Wertes an die Mieter verkauft. DOUGLAS spricht in diesem Zusammenhang von „give-away-prices" (vgl. DOUGLAS 1997, S. 67), denn der Verkaufspreis der Wohnungen entspricht ungefähr 9% des eigentlichen Marktwertes. Ein problematischer Nebeneffekt ist allerdings, dass die Gebäude oft von relativ schwachen Einkommensgruppen bewohnt werden, z.B. Zigeunern (DOUGLAS, 1997).

Trotzdem erhofft man sich durch den Verkauf eine private Initiative zur Sanierung der baufälligen Wohneinheiten. Die neuen Besitzer können entscheiden, ob sie die Wohnung weiterhin bewohnen, sie renovieren oder verkaufen wollen. Seitdem Wohnungen wieder als Wirtschaftsgut zählen, sind die Wohnungseigentumsquoten insgesamt drastisch gestiegen. Einige der Wohnungen werden nach der Privatisierung aber auch an gewerbliche Interessenten verkauft, da der nach der Wende einsetzende Boom der privatwirtschaftlichen Investitionstätigkeit (besonders im tertiären Sektor) die Nachfrage nach Büroräumen in der City steigert. Jedoch erfolgt die Umnutzung des Wohnbestandes in Gewerberaum nur in einzelnen Gebieten (WIEßNER UND KOVÁCS, 2004).

Insgesamt geht die Stadtentwicklungsplanung in Richtung der Ausweitung gewerblicher Nutzungen in der Innenstadt durch z. B. die Errichtung eines Bankenzentrums. Hierfür werden Wohneinheiten abgerissen bzw. umgebaut und Parkhäuser sowie Bürogebäude errichtet. Generell führt der Abriss baufälliger Häuser Anfang der 90er zu einem Bauboom (siehe Abb.2), da sich den Unternehmen nun ein enormes Flächenreservoir bietet (KOVÁCS UND WIEßNER, 1999).

Die Sanierung der Altbaubestände und Großwohnanlagen erfolgt nur punktuell, da sich finanzielle Mittel auf kleinräumige, von den Bezirken ausgewiesene Aktionsgebiete beschränken (WIEßNER UND KOVÁCS, 2004). Alles in allem sind die sozialistischen Raumstrukturelemente (Rostgürtel, Großwohnanlagen) bis heute noch dominant (DÖVÉNYI UND KOVÁCS, 2005).

V. Die heutige Stadtstruktur

Auf einer Fläche von 525 km² teilt sich die Stadt heute in 23 Bezirke (siehe Abb. 11), die sich nach KLUCZKA UND ELLGER in folgende Zonen einteilen lassen:

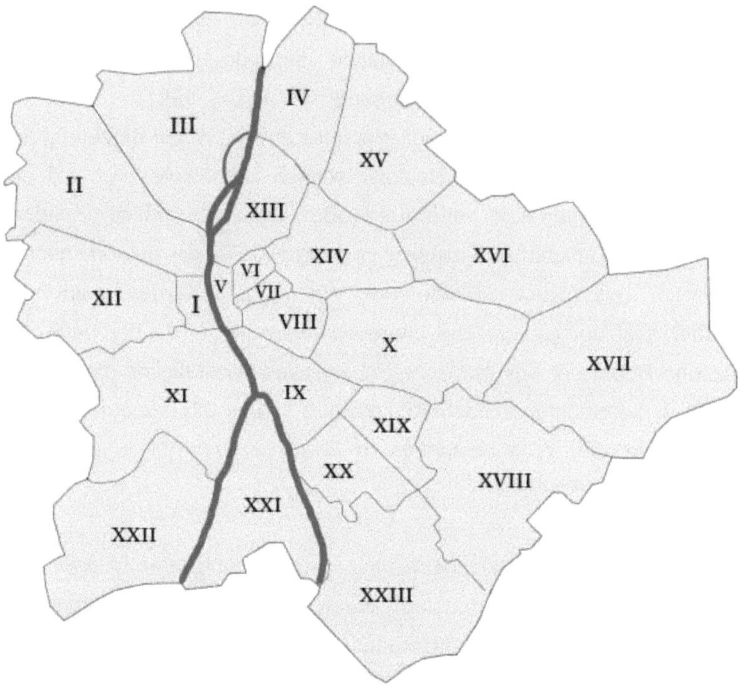

Abb.11 ,Quelle: www.budapestinfo.hu, Stand: Mai 2007

Das *zentrale Geschäftsviertel*, welches einem CBD sehr ähnlich ist, entspricht hauptsächlich dem V. Bezirk, greift aber auf Budaer und Pester Seite darüber hinaus (KLUCZKA UND ELLGER, 1999). Kennzeichnend für diese Zone sind die großstädtische Bebauung und eine hohe Urbanität (DÖVÉNYI UND KOVÁCS, 2005). Auf 2,5 km² konzentrieren sich Kaufhäuser, Geschäfte, Regierungsgebäude, Behörden, Finanzinstitutionen sowie kulturelle, wirtschaftliche und touristische Einrichtungen. Die Wohnfunktion des Viertels nimmt ständig ab und wird zunehmend durch Bürogebäude und Hotels ersetzt (KLUCZKA UND ELLGER, 1999).

Im I. Bezirk befindet sich die von der UNESCO geschützte historische *Altstadt* von Buda (siehe Abb. 12). Hier findet man eine Bebauung hoher Qualität und Repräsentativität und die Wohnungen sind größer und besser ausgestattet als auf der Pester Seite (WIEßNER UND KOVÁCS, 2004).

Abb.12; Quelle: eigenes Foto

Die Bezirke I-III sowie VI-XIV bilden als *innere Wohn- und Arbeitsplatzzone* ein funktionsgemischtes Viertel mit hohem Wohnanteil. Ehemals industriell geprägt, führt die Deindustrialisierung nach der Wende zur Umnutzung in citynahe Wohnstandorte. Wohnparks, die stark mit Dienstleistungsfunktionen durchsetzt sind, prägen heute diesen Teil der Stadt (WIEßNER UND KOVÁCS, 2004).

Die *äußere Wohn- und Arbeitsplatzzone* wird von den Bezirken IV und XV-XIII eingenommen und umfasst hauptsächlich die 1950 eingemeindeten Stadtteile. Aus diesem Grund besitzt sie einen eher dörflichen Charakter mit Einfamilienhausbebauung, ist aber auch industriell geprägt (KLUCZKA UND ELLGER, 1999).

Jenseits der Stadtgrenze dehnt sich die *suburbane Zone* der Budapester Agglomeration aus. Im Zuge einer verstärkten Suburbanisierung seit Anfang der 90er Jahre und der Liberalisierung des Wohnungsmarktes haben sich hier verstärkt Eigenheimsiedlungen aber auch Gewerbegebiete etabliert (KLUCZKA UND ELLGER, 1999).

Heute leben in der Stadtregion (Budapest und Agglomeration) etwa 2,45 Mio. Einwohner, d.h. ein Viertel der Landesbevölkerung. Die monozentrische Stadtstruktur zeigt sich jedoch nicht nur im hohen Bevölkerungsanteil, sondern auch daran, dass alle Verkehrsachsen auf die Stadt ausgerichtet sind und im Vergleich die zweitgrößte Stadt Debrecen im Osten des Landes lediglich 210 000 Einwohner vorzuweisen hat. Die ungarische Siedlungsentwicklungspolitik strebt seit den 1980er Jahren nach einer Verringerung des Übergewichts der Hauptstadt, doch deren Rolle und Gewicht bleiben unverändert (DÖVÉNYI UND KOVÁCS, 2005).

VI. Vergleich mit westlicher Stadtentwicklung-Rückkehr nach Europa?

Die Stadtentwicklung in Budapest ist während und nach der sozialistischen Ära vielen Veränderungen unterlegen. Dabei fällt auf, dass einge Raumelemente, welche die westlichen Großstädte seit den letzten Jahrzehnten prägen, ebenfalls hier zu finden sind: Noch in den 60er und 70er Jahren waren die innerstädtischen Altbauquartiere aufgrund von unzureichenden Instandhaltungs- und Erneuerungsinvestitionen auch im Westen (v.A. in Ostdeutschland) einer baulichen und sozialen Abwertung ausgesetzt, besonders die gründerzeitlichen Arbeiterwohnviertel. Soziale Segregationsprozesse führten zu einer Abwanderung jüngerer und einkommensstärkerer Haushalte in die Stadtrandbereiche und suburbanen Zonen und bewirkten einen „Ghettoisierung" sozial benachteiligter Gruppen in den damals preisgünstigeren Wohnungsbeständen der Altbaugebiete (KOVÁCS UND WIEßNER, 1999). Die Wohnsuburbanisierung jüngerer Haushalte geht einher mit der Differenzierung zwischen den statushöheren Wohngebieten im Norden und Westen und den stausniedrigeren im Südosten. Viele westeuropäische Städte zeigen ähnliche duale Strukturen, so zum Beispiel Paris oder Madrid (BURDACK ET AL., 2004).

Ein weiteres gemeinsames Merkmal sind die zunehmenden großflächigen Einrichtungen internationaler Handelsketten und Logistikeinrichtungen, die ebenso in westeuropäischen Städten zu finden sind. (BURDACK ET AL., 2004). Ferner ist das Vordringen gewerblicher Funktionen in citynahe Wohngebiete ein Trend, der sich in westlichen Städten nachweisen lässt. So beobachtet man die Entwicklung von Flächen für Dienstleistungen, insbesondere im Einzelhandel (WIEßNER, 2004).

In zunehmenden Maße wird Budapest daher von allgemein zu beobachtenden Entwicklungsphänomenen wie Tertiärisierung, Citybildung und Cityexpansion im inneren Stadtgebiet eingenommen (TERPITZ, 2002), weshalb der

Dienstleistungssektor allmählich in die gründerzeitliche Wohn- und Gewerbebebauung vordringt.

Abweichend von westlichen Metropolen gibt es aber auch Prozesse, die in Budapest bisher nicht bzw. kaum stattgefunden haben:
Allen voran sei hier der Prozess der Gentrifizierung, d.h. der baulichen und sozialen Aufwertung und Verdrängung unterer Einkommensschichten in den Innenstadtrandgebieten, verbunden mit einer Sanierung der Bausubstanz in zentralen Wohngebieten, genannt. Die Gründe für die Aufwertungseffekte in westlichen Großstädten liegen u.A. in staatlichen Einflussnahmen (kommunale Stadtsanierungen, Modernisierungsförderung usw.) und einem gesellschaftlichen Wertewandel bzw. einer höheren Wertschätzung historischer Baustrukturen und urbaner Lebensräume begründet. In Budapest ist das Interesse an urbanen Wohnstandorten eher gering, auch der benannte Wertewandel ist hier kaum präsent. Die „neuen Reichen" orientieren sich in ihrer Wohnstandortwahl auf den Rand und das Umland der Stadt. In Deutschland wurden die Aufwertungsmaßnahmen durch umfangreiche Subventionen der öffentlichen Hand unterstützt, in Ungarn sind solche Maßnahmen wegen der prekären Haushaltslage bei Staat, Kommunen und Bezirken (www.focus.de, Stand: Mai 2007) undenkbar. Hinzu kommt, dass es aufgrund der Uneinigkeit der Bezirksverwaltungen und des sehr hohen Anteils an Eigentumswohnungen kaum eine Möglichkeit gibt, einen großflächigen Aufwertungsprozess einzuleiten (WIEßNER UND KOVÁCS, 2004).
Weiterhin unterscheidet sich die räumliche Prägekraft der sozialistischen Ära in Budapest von der in westlichen Metropolen. Der ungarische Sozialismus nutzte im wesentlichen die baulich überlieferte Stadt für seine Zwecke der Verwaltung, Repräsentation und Produktion. Zwar sind die Plattenbau-Großsiedlungen –wie im Westen- ein markantes Beispiel für den Städtebau des Sozialismus, doch halten sich der Abriss historischer Bausubstanz sowie die „Großtaten sozialistischen Städtebaus", beispielsweise die Anlagen neuer Straßen oder zentraler Plätze (vgl. KLUCZKA UND ELLGER, 1999) weitgehend in Grenzen.
Weiterhin hat aufgrund fehlender finanzieller Mittel der Verfall der innerstädtischen Bausubstanz länger angehalten als in westlichen Regionen und erfordert eine aufwendigere Sanierung (KOVÁCS UND WIEßNER, 1999). Was den allmählichen Verfall der sozialistischen Großwohnsiedlungen betrifft, so besitzt dieses Problem im

Bewusstsein der staatlichen und kommunalen Akteure derzeit kaum Priorität. Im Interesse der Budapester Stadtentwicklung stehen heute in erster Linie der Ausbau und Verbesserung der Verkehrsnetze und stadttechnischen Infrastruktur (LIEBMANN, 2001).

All diese Gegebenheiten zeigen, dass die Prozesse im Bereich des Wohnens in Budapest anders verlaufen als in westlichen Großstädten, da sich die lokalen Rahmenbedingungen teilweise grundlegend von den Bedingungen in westlichen Regionen unterscheiden, sowohl finanziell als auch planerisch und gesellschaftlich.

Im Vergleich sind in Budapest zwar gewiss Tendenzen zu westlichen Vorbildern, wie z.B. Citybildung, zu erkennen, jedoch reicht die quantitative Bedeutung der Raumelemente nicht an die der westlichen Städte heran (BURDACK ET AL., 2004).

VII. Fazit

Die Frage, ob es sich bei den Prozessen im Bereich des Wohnens in Budapest um eine westlich orientierte oder eigenständige Entwicklung handelt, ist nicht eindeutig zu beantworten. BURDACK ET AL. bezeichnen die postsoziale Stadtentwicklung als eine „eigenständige Kombination nachholender Entwicklung" (vgl. BURDACK ET AL. 2004, S.38).   Sicher ist, dass sich, verursacht von den bereits genannten abweichenden Rahmenbedingungen, die städtebaulichen Strukturen der ungarischen Hauptstadt noch lange von westlichen Vorbildern unterscheiden werden.

Für die Wohnquartiere in den städtebaulichen Problemgebieten der Stadt gibt es nur wenige hoffnungsvolle Perspektiven. Um den baulichen Verfall und die zunehmende soziale Abwertung aufzuhalten, währen flächendeckende Maßnahmen erforderlich, denen aber finanzielle Engpässe entgegen stehen. Die erhoffte bauliche Erneuerung der Wohnräume ist bislang nur in geringem Maße vorhanden. Aktuell durchgeführte punktuellen Sanierungsmaßnahmen sind nur eine Übergangslösung und insgesamt mäßig effektiv, denn soziale Probleme durch eine verstärkte Polarisierung der Lebensverhältnisse sind nicht allein mittels einer baulichen Stadterneuerung lösbar.

VIII. Literaturverzeichnis

Monographien:

DOUGLAS, MICHAEL JAMES (1997): A change of system. Housing system
transformation and neighbourhood change in Budapest. Utrecht.

HEINEBERG, HEINZ (2001): Stadtgeographie. 2. Auflage. Paderborn.

LOWE, STUART; TSENKOWA, SASHA (2003): Housing Change in East and Central
Europe. Burlington.

SAROLTA, TAKÁCS DR. (2004): Városépítés Magyarországon. Budapest.

TERPITZ, ANJA (2002): Die Transformation des Einzelhandels am Beispiel
Budapest. Unveröffentlichte Diplomarbeit der Universität Leipzig.

WIEßNER, REINHARD; KOVÁCS, ZOLTÁN (2004): Ungarn. Unveröffentlichter Exkursions-
Bericht der Universität Leipzig.

Fachzeitschriftenaufsätze:

BURDACK, JOACHIM; DÖVÉNYI ZOLTÁN; KOVÁCS, ZOLTÁN (2004): Am Rand von
Budapest. Die metropolitane Peripherie zwischen nachholender
Entwicklung und eigenem Weg. In: Petermanns Geographische
In: Petermanns geographische Mitteilungen, 148 (2004/3), S. 30-39.

DÖVÉNYI, ZOLTÁN; KOVÁCS, ZOLTÁN (2005): Budapest. In: Europäische
metropolitane Peripherien, 61 (2005), S. 51-65.

FRITZSCHE, OLIVER (2005): Der Váci-út-Korridor. Ein Restrukturierungspol am
Budapester Innenstadtrand. In: Europäische metropolitane Peripherien,
61 (2005), S. 220-225.

KLUCZKA, GEORG; ELLGER, CHRISTOPH (1999): Budapest und Bukarest.
Systemwechsel und stadträumliche Transformation. In: Manuskripte zur
empirischen und theoretischen und angewandten Regionalforschung,
36 (1999).

KOVÁCS, ZOLTÁN; WIEßNER REINHARD (1999): Stadt- und Wohnungsmarktentwicklung
in Budapest. In: Beiträge zur regionalen Geographie, 48 (1999).

LICHTENBERGER, ELISABETH (1995): Die Entwicklung der Innenstadt von Budapest
zwischen City und Slumbildung. In: Erdkunde, 49 (1995), S. 138-150.

LIEBMANN, HEIKE; RIETDORF, WERNER (2001): Großsiedlungen in Ostmitteleuropa
zwischen Gestern und Morgen. In: Europa regional, 9 (2001/2),
S. 78-87.

Internet:

www.budapestinfo.hu

www.focus.de/politik/ausland/budapest